美洲虎

［美］梅利莎·吉什 著

阿达 译

浙江出版联合集团

浙江文艺出版社

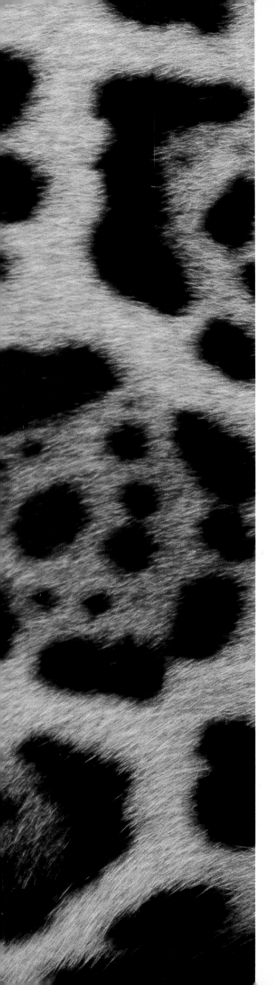

Published in its Original Edition with the title
Jaguars
Copyright © 2012 Creative Education.
This edition arranged by Himmer Winco
© for the Chinese edition：Zhejiang Literature and Art Publishing House

本书中文简体字版由北京 **Himmer Winco** 永固兴码 文化传媒有限公司独家授予
浙江文艺出版社有限公司。
版权合同登记号：图字：11-2015-325号

图书在版编目（CIP）数据

美洲虎 /（美）梅利莎·吉什著；阿达译. -- 杭州：
浙江文艺出版社，2018.1
　　书名原文：Jaguars
　　ISBN 978-7-5339-4987-7

　　Ⅰ．①美… Ⅱ．①梅… ②阿… Ⅲ．①虎-青少年读
物 Ⅳ．①Q959.838-49

中国版本图书馆CIP数据核字（2017）第193969号

策划统筹　诸婧琦　　　　责任编辑　柳明晔　诸婧琦
装帧设计　杨瑞霖　　　　责任印制　吴春娟

美洲虎

作　　者　[美]梅利莎·吉什
译　　者　阿　达

出　　版　浙江出版联合集团
　　　　　浙江文艺出版社
地　　址　杭州市体育场路347号
网　　址　www.zjwycbs.cn
经　　销　浙江省新华书店集团有限公司
印　　刷　上海中华商务联合印刷有限公司
开　　本　889毫米×1194毫米　1/12
印　　张　4
版　　次　2018年1月第1版　2018年1月第1次印刷
书　　号　ISBN 978-7-5339-4987-7
定　　价　19.80 元

太阳升起前，

　　　夏日的清晨笼罩着一层薄薄的雾气。

此时，一只美洲虎
　　沿着巴西中东部马德拉河沿岸的沼泽地悄无声息地移动着。

　　太阳升起前，夏日的清晨笼罩着一层薄薄的雾气。此时，一只美洲虎沿着巴西中东部马德拉河沿岸的沼泽地悄无声息地移动着。一棵倾倒的树木横跨在小池塘之上。美洲虎跳上树干，向水里张望。水里有动静，那是一条巨骨舌鱼在游动。巨骨舌鱼长 1.8 米，重 113 千克，在体形上完全压制了美洲虎。美洲虎将身体压在树干上，绷紧两条后腿，并倾斜尾巴来保持完美的平衡。

接着，它一跃落入水中，压在那条巨型鱼的身上，并立即用大嘴钳住猎物的脑袋。巨骨舌鱼拼命挣扎，但它却无法挣脱美洲虎的死亡之嘴。美洲虎将自己的大餐拖到了岸边，接着便带着它消失在了湿地森林。它要把这条新鲜的巨骨舌鱼送给自己年幼的孩子。

它们住在哪儿

■ 美洲虎
  墨西哥、
  中美洲
  和南美洲

美洲虎只有一个品种，只生活在美洲。它的分布范围北起墨西哥，穿过中美洲，向南一直延伸到南美洲的巴拉圭和阿根廷。有极少数量的美洲虎生活在美国西南部，尤其是亚利桑那州，但你几乎不会见到它们。地图中的色块代表美洲虎的分布区域。

安静却致命

在世界上的四种大型猫科动物中，美洲虎（又称美洲豹）的体形排名第三。它的近亲，非洲和印度的狮子以及亚洲的老虎，在体形上超越了它，而非洲和亚洲的豹子则在体形上小于它。大部分猫科动物会低吼、尖叫和啸叫，但狮子、老虎、豹子和美洲虎却是咆哮。美洲虎的咆哮声听起来像是因喉咙发痒而咳嗽，并且，它发出咆哮是为了提醒其他的美洲虎，这里是它的地盘。美洲虎曾经广泛分布在北美洲的各个地方，然而，你现在在美国几乎已经看不到它们的身影了。你可以在墨西哥、中美洲和南美洲找到这种独居猫科动物。它们更喜欢茂密的雨林，因为在那里，它们可以避开自己唯一的捕食者——人类。不过，只要附近有水，它们也可以生活在干燥的草原和沙漠。

大型猫科动物都是猫科豹属的成员。豹属的英文名称源自单词"panther"，这个单词在世界的不同地方可以用来指豹、美洲狮和美洲虎。美洲虎的拉丁学名是 *Panthera onca*。在希腊语中，*pan* 的意

雄狮的体重可以达到249千克，是个头最大的美洲虎的两倍多。

不同的国家对美洲虎的称呼不同：巴拉圭称之为 *jaguareté*，秘鲁称之为 *otorongo*，而委内瑞拉称之为 *yaguar*。

美洲虎的咬合力达到了126千克/平方厘米，几乎是人类的10倍。

思是"所有"，而 *ther* 的意思是"野兽"，它们组合起来的意思就是猎杀所有动物的野兽。*onca* 的意思是"镰刀"，它用来代指美洲虎锋利的爪子。jaguar 源自图皮南巴人的语言，他们是生活在亚马孙河南部的巴西土著民族。他们语言中的"*yaguara*"翻译过来就是"一击必杀的野兽"。

尽管科学家们目前认为美洲虎只有一个品种，但依据地理分布区域的不同，美洲虎还是被分为三个亚种。最北端的美洲虎亚种主要分布于墨西哥和中美洲，体形最小的亚种。处于中央位置，也就是生活在整个亚马孙河地区的美洲虎，它们的体形要更大些。发现于阿根廷南部至东北部的美洲虎的体形最大。科学家推测，可供捕食的猎物的体形大小，影响了美洲虎的演化。越是靠近南端、远离墨西哥，美洲虎的猎物的体形就越大。

生活在墨西哥和中美洲的美洲虎，数量少于1000只，巴西北部湿地的美洲虎数量也与此相当。大约有200只美洲虎栖息于阿根廷。居住在亚马孙热带雨林的美洲虎数量最为庞大，大约有15000只。

和所有猫科动物一样，美洲虎的脸颊上和脚趾间拥有气味腺。它们还会用脚趾来标记领地。

美洲虎的舌头有 30.5 厘米长。
这块大舌头就像是砂纸一样，
能够将肉屑从动物的骨骼上刮
擦下来。

由于栖息地环境遭到破坏以及人类的偷猎行为，世界各地的美洲虎的数量正在持续下降。在整个北美洲，约有120只美洲虎被保护在动物园里。

　　美洲虎是肌肉发达的动物。它们的四肢短而有力，脚底宽阔圆润，所以走起路来无声无息，并且非常善于攀爬、跳跃以及游泳。墨西哥和中美洲的雄性美洲虎重约54千克，而南美洲湿地栖息地的美洲虎则重达100千克。美洲虎站立起来时肩高91厘米，如果将76.2厘米的尾巴包括在内的话，它们最终能够长到2.6米。雌性美洲虎通常要比雄性小10%—20%。体态轻盈的美洲虎能够同时在地面和树上狩猎，所以，猴子也成了它们的猎物之一，而较丰满的美洲虎则往往不会给树上的动物带来麻烦。海龟和犰狳（qiú yú）是数量丰富的猎物，但它们又都有着盔甲般的外壳。为了粉碎它们的外壳，美洲虎进化出了厚重、结实的颅骨，以及所有猫科动物中最强劲有力的牙齿和下颚。美洲虎的上犬齿宽达1.3厘米，与成年人的食指相当。它们的牙龈内含有对压力敏感的神经，能够帮助

希拉里蟾头龟生活在池塘和沼泽地里，是栖息在最南端的美洲虎的邻居。

它们找到最恰当、最致命的撕咬位置。其他大型猫科动物往往喜欢咬断猎物的喉咙，以切断它们的氧气供应，但美洲虎的狩猎方法还包括咬穿颅骨，对猎物的大脑和脊髓造成致命的破坏。为了能将猎物身上的肉吞个精光，美洲虎的舌头进化出了尖锐的凸起物，名叫舌乳头。这让它们的舌头变得像锉刀一样，能够刮擦掉猎物骨骼上残留的肉和骨髓。

美洲虎的颜色从金黄色到红棕色，各样都有。美洲虎的毛皮上有黑色圆环状的斑纹，这些斑纹因为酷似绽放的玫瑰而被称为玫瑰花环。金钱豹和猎豹也有相似的斑点，可能会被误认为美洲虎，但其实它们的斑点是有差异的。金钱豹的玫瑰花环是黑色的边，有棕色或金黄色的内里；猎豹的斑点是黑色实心的；而美洲虎黑色的玫瑰花环中还包含线条和斑点。没有两只美洲虎的斑纹是完全一样的。就像人类的指纹，美洲虎的玫瑰花环全部独一无二。美洲虎的颜色为它们提供了伪装。在热带雨林栖息地中，美洲虎身上密集的斑纹与周围的树叶、石头以及堆砌在森林地面上的其他杂物交融协调。阳光下的树荫和草地看起来就像美洲虎的金色毛皮。在晚上，玫瑰花环帮助美洲虎融入了月光浸润下的黑夜。

一些美洲虎的毛皮黑化了，它们被称为黑豹。黑化

美洲虎的黑色玫瑰花环的边界是断开的、不规则的，与金钱豹和猎豹连贯的图案轮廓不一样。

家猫在吸气和呼气时都能够发出咕噜声，但美洲虎和其他咆哮型猫科动物只能在呼气时发出咕噜声。

是可以遗传的，并且，所有的猫科动物都能够出现这种现象。当生物体内产生越来越多的黑色素时，黑化也就发生了。黑色素是一种化学物质，能够促使机体内黑色素细胞的形成。大约有 6% 的美洲虎遗传了黑化基因，但它们仍旧有玫瑰花环，这和其他的美洲虎是一样的。只要光照条件合适，我们就能够看到它们身上的斑纹。然而，到了夜晚，这些美洲虎几乎就是进入了隐身状态，这也让它们成了最致命的猎手。

美洲虎喜欢白天睡觉，晚上出来活动。它们是拂暮行性动物，也就是说，它们一天中最活跃的时刻是天色朦胧的拂晓和黄昏。因为视力不俗，美洲虎能够在近乎漆黑的环境下觅食，它们的眼睛上有一层反光组织，叫明毯，能够收集光线，并将光线集中到视网膜的中心，也就是眼球内部的感光组织。尽管晚上的光线很是暗淡，但美洲虎的视力却变成了白天环境下的两倍。明毯还能够引起动物的眼耀，当有光线照耀在眼睛上时，眼睛就会反射出有颜色的光芒。美洲虎的眼耀是一种明亮的橙黄色。

中美洲和南美洲的美洲虎会出现黑化现象，而墨西哥则没有黑豹的相关记录。

在玻利维亚的卡伊亚德大查科国家公园，远程摄像机已经观测到了 1000 只美洲虎。

丛林中的斑点

美洲虎是一种独居动物，独自生活在特定的区域，这片区域便是它们的活动范围。雄性美洲虎的活动范围在52平方千米至137平方千米之间，这取决于生活在这片区域的美洲虎数量。雌性美洲虎的活动范围要小一些，大概在26平方千米至96平方千米之间。与大多数猫科动物不同，美洲虎爱水如命。它们的活动范围通常都会包含通往河流、溪流或小池塘的道路。在这些地方，美洲虎可能会花上几小时来泡澡。一只雄性美洲虎可能会允许一定数量的雌性美洲虎与自己的活动范围重叠，但对于侵入自己领地的雄性美洲虎，它们会毫不客气地予以迎头痛击。

美洲虎会主动花上一半的时间来巡视自己的领地，以确保领地边境的安全。美洲虎划定边界的方式包括撒尿和在树上制造划痕。它也会通过咆哮来提醒潜在对手自己的存在。狩猎相对来说只占据了美洲虎少量的时间，且通常在破晓前或黄昏时刻便已完成。科学家发现，美洲虎经常捕食的动物

美洲虎很少袭击人类，但人们发现，它们会偷偷追踪人类，"押送"人类离开它们的领地。

有 85 种。美洲虎是顶级掠食者，身处食物链的最顶端。美洲虎会捕食老弱病残的动物，这对于它们的生物群落的健康是有益的。美洲虎并不是挑剔的食客，相反，它们是机会主义分子，任何恰巧出现在附近的猎物它们都绝不"口下留情"。美洲虎的猎物包括大型动物和小型动物。水豚，类似巨型豚鼠，是地球上最大的啮齿目动物。貘（mò）是一种长相似猪的哺乳动物，体重一般为227—318千克。这两种动物便是美洲虎最钟情的大餐。水生生物，包括海龟、鱼类以及凯门鳄，组成了美洲虎的美味小吃。美洲虎有时甚至会袭击树上的猴子，点心

和近亲老虎一样，美洲虎对水流没有一丝的畏惧，并且，它们还会进入河流或湖泊去追逐猎物。

嘛，小一点又有什么关系？

　　美洲虎与非洲猎豹的血缘关系很近，但它的习性却与金钱豹更为相似。猎豹是猫科动物中比较特殊的一种，它依靠速度和耐力来捕猎。而金钱豹和美洲虎都更善于发起出其不意的攻击。它们也能够快速冲刺，但很少有必要这样做，因为它们更愿意偷袭自己的猎物。这些猫科动物的脚下有厚厚的肉垫，在它们尚未发动袭击，只是悄悄地潜向猎物时，肉垫可以为它们的脚步提供缓冲。在一次弹跳中，金钱豹和美洲虎最多可以跳6米远。

尽管黑化是一种亲代遗传特征，但这种特征有可能会跨越一整代，或是好几窝幼崽。

美洲虎往往会有意避开彼此，但在求偶期和繁殖期是例外。雌性美洲虎在两岁时达至性成熟，而雄性则是在三或四岁。当雌性美洲虎准备好交配时，它会离开自己的活动区域，外出寻找合适的雄性美洲虎。雄性美洲虎也会发出类似小猫的叫声，以吸引异性的注意。美洲虎在一年中的任何时期都可以交配。每次交配期持续6—17天。一旦雌性美洲虎顺从了雄性美洲虎，雄性美洲虎便会轻咬雌性美洲虎脖颈的背面，以刺激它释放卵子，以完成授精过程。在返回自己的活动区域前，雌性美洲虎可能会与多只雄性交配，结果就是同一窝的幼崽可能会有不同的爸爸。在生育幼崽前，雌性美洲虎会选择一处隐蔽的巢穴。这处巢穴需要有一定的防护措施，例如，一片茂密多刺的灌木丛的下方，或是树根交错缠结的地方。这样她和自己的后代们就能免于掠食者的袭击。经过93—110天的怀胎后，雌性美洲虎会产下小幼崽。美洲虎通常都有两个孩子，但在少数情况下它们也可能会产下四只幼崽。

美洲虎幼崽出生时只有726克。幼崽刚刚产下

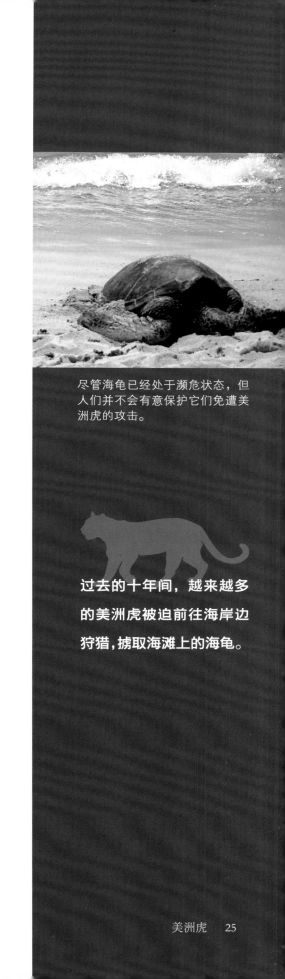

尽管海龟已经处于濒危状态，但人们并不会有意保护它们免遭美洲虎的攻击。

过去的十年间，越来越多的美洲虎被迫前往海岸边狩猎，掳取海滩上的海龟。

喝水的时候，美洲虎舌头上的舌乳头就像是几十个能够盛水的小水杯。

时，它们毛皮上的斑纹非常紧密，这让它们的毛皮看起来全是褐色的。幼崽眼睛的颜色较浅，并且，直到 14 天之后才会睁开。随着幼崽的长大，它们的眼睛会逐渐变暗，直至变为金棕色，而毛皮上的斑纹也将渐次铺展开来。它们会通过"咩咩"和"咪咪"的叫声同母亲联络，而等到可以嬉闹时，它们就会练习咆哮，但直到一岁前，它们的声音都只会像是鸟儿在"叽叽喳喳"。

在出生后的头 5—6 个月里，幼崽们需要依靠母亲的乳汁来摄入营养，但等到它们 10 周大时，母亲就会把猎物带到窝边，训练幼崽们食用肉食。幼崽长到 6 个月大时，它们就会跟随自己的母亲去狩猎。这是一件十分危险的事情，幼崽在这种活动中的死亡率很高。对于年幼的美洲虎来说，最大的威胁来自能够束缚住它们的蛇类，例如，水蟒。水蟒可能会埋伏在水中，等到美洲虎幼崽下水时，它们就会用身体缠绕住受惊的美洲虎，直至对方窒息而死。接着，水蟒便可以大快朵颐了。

在一岁大的时候，美洲虎幼崽完全长大成形，并

且有了保护自己的能力。然而，幼年美洲虎必须花费大量的时间来完善狩猎技能。它们会继续和母亲一起狩猎，学习母亲的技巧，并同母亲分享经验。美洲虎的学习过程至少要到两岁才能结束。学有所成的幼年美洲虎会孤身离家，它们要寻找一片尚未被占领或是已被其他美洲虎遗弃的土地。雌性美洲虎可能会得到准许，占有母亲的一片领地，但雄性是必须要出走的，这样它们才能避免与年长的雄性美洲虎争夺猎物。

因为美洲虎行踪不定，很难被监测，所以，我们无法确切知道它们在野外的存活年龄。一些研究表明，美洲虎的寿命在 12—15 年之间。然而，人工圈养的美洲虎可以活到 25 岁。

美洲虎幼崽出生时便有了锐利的爪子。它们在嬉戏时会练习爪子的使用，以提高自己的狩猎技能。

在玛雅古城奇琴伊察，美洲虎食用心脏的图像被雕刻在了一根石柱上。

往返两界的生物

在中美洲的土著民族文化历史上，美洲虎也许是最为重要的一种哺乳动物了。中美洲是指墨西哥以南、哥伦比亚以北的美洲大陆中部地区。考古学家在这里发现了一系列的手工艺品，它们以不同的方式描绘了美洲虎的形象。土著民族对美洲虎的神秘与强大既崇拜又恐惧，既将它们视为天神，又将它们视为魔鬼。并且，因为美洲虎无论是在水中还是在林间，都能够从容不迫，所以，早期文化认为美洲虎有能力穿梭于尘世和灵体世界之间。其中，水代表了尘世，而热带雨林里高大的树木则代表了灵体世界。

在许多古老的文明中，萨满巫师是一类能够影响灵体世界的人。他们举行宗教仪式以预言未来，使用草药以医治疾病，通过与灵体交流来为部落长老提供建议。萨满巫师地位尊贵。在中美洲的文明（如奥尔梅克人、玛雅人和阿兹台克人的文明）中，美洲虎也得到了同样的尊重，它和萨满教关系紧密。

公元前 1400 年至公元前 400 年，奥尔梅克人

尽管美洲虎还没有遭遇绝种的威胁，但科学家相信，在过去的 100 年间，它们的种群数量已经下降了 50% 左右。

传统墨西哥舞蹈中会用到美洲虎面具。其中，人们会猎杀和捕捉美洲虎以展示自己的力量。

在墨西哥湾沿岸建造了城市。他们相信，美洲虎与萨满巫师有着特殊的关系。美洲虎被视为同伴动物，或者说守护神，它们的任务是在萨满巫师举行超自然仪式时，为巫师保驾护航。奥尔梅克人还相信，萨满巫师可以变身成美洲虎。古老的手工艺品，如雕刻和神物描述了这种转变。

在玛雅人的神话集中，美洲虎与一系列被称为巴拉姆的神明有关。玛雅人相信巴拉姆能够保护人们远离危险。玛雅文明兴起于公元前2000年左右，并一直持续到15世纪晚期才在西班牙人的入侵中灭亡。在玛雅人看来，黑色的美洲虎是冥界神，浅色的美洲虎是天界神，它们与造物主共同创造了宇宙，并一直守护着活着和已死的人。玛雅人还相信，人类和美洲虎共享了这片土地以及土地上的生灵的力量。许多他们遗存下来的艺术品和普通物品，包括壁画、印花的陶器和工具，都描绘了这种关系。

玛雅国王穿着的礼仪服装也非常出名。这种服装精致考究，包括美洲虎的毛皮，以及制成美洲虎脑袋形状的头盔。为了把自己与美洲虎的力量联

阿兹台克人是另外一支发源自现今墨西哥地区的土著民族，他们制造的石制容器与美洲虎非常相像。

这幅图画作于 1895 年，现陈列于墨西哥城的国家美术馆中。画中人为著名的阿兹台克国王蒙特祖玛。

系起来，许多统治者还会为自己取特殊的名字，例如，美洲虎·波（Jaguar Paw）、穆恩·美洲虎（Moon Jaguar）和伯德·美洲虎（Bird Jaguar）。勇敢的战士也会穿着美洲虎的毛皮，佩戴由美洲虎的爪子和牙齿制作的装饰品。这些服饰象征了美洲虎强健的体魄和强大的精神。

自 14 世纪至 16 世纪初，阿兹台克帝国扩张至了墨西哥的整个中部地区。其中最强大的部落——墨西加——驻扎在特诺奇蒂特兰城。墨西加人将美洲虎视为一种重要的灵体。他们相信，主管黑暗与夜晚的神——特斯卡特利波卡，能够化身成美洲虎（墨西加语言中的 ocelotl）。变身之后的特斯卡特利波卡能够在黑暗中悄无声息地移动，同时，他身上的斑纹也会成为一种伪装，就像夜空中的星星一样。

阿兹台克人会以献祭活人的仪式来安抚神明，使敌人胆战心惊。他们使用一种美洲虎样式的容器来存储被献祭的受害者的心脏，这种容器叫作美洲虎葫芦碗。阿兹台克人将这种仪式与尘世和冥界联系了起来，其中，美洲虎是不可或缺的一部分。阿兹台克国王也会穿着美洲虎的毛皮，并且，阿兹台克文化中最高级的两支军事力量就是鹰战队和美洲虎战队。只有出身高贵的人才能加入这两支队伍。

特诺奇蒂特兰国王蒙特祖玛二世（也被称为蒙特祖玛）在自己的王宫里圈养了许多美洲虎。历史学家相信，欧洲人所绘的第一幅美洲虎图像就是依

特奥蒂瓦坎古城最闻名的建筑便是金字塔。这座古城的建造时间比阿兹台克人的特诺奇蒂特兰城还要早上 1500 年。

在船上清理捕获的鱼时，南美洲渔民经常把鱼头和内脏抛给等待在岸边的美洲虎。

照王宫中的美洲虎画出的。在 16 世纪初，西班牙入侵期间，蒙特祖玛二世是阿兹台克帝国的统治者。

美洲虎力量强大，狩猎技艺高超，长期以来，它都是人类崇拜和畏惧的对象。这也正是为什么美洲虎的形象始终都有着重要的意义。美洲虎是巴西的非正式国家象征。很久之前，巴西土著民族就开始使用美洲虎的脂肪来制作传统药物。巴西邻国圭亚那的情况也与此类似，当地人还将美洲虎推崇为新生命的使者。圭亚那国的纹章（国徽）上有两只美洲虎，一只手持铁镐，另一只手持甘蔗和稻秆，它们分别象征了这个国家的采矿业和农业。

在南美洲和北美洲，美洲虎也代表了许许多多的体育团体。在 1995 年，杰克逊维尔美洲虎队加入了美国国家橄榄球联盟。球队的标志是一只咆哮着的美洲虎的脑袋，吉祥物是贾克森·德·维尔，或称贾克森。在全国各地，贾克森用自己独特的表现和疯狂的举动娱乐球迷。在大学院校中，美洲虎是南阿拉巴马大学的象征，该校位于莫比尔市。在 2009 年，学校的橄榄球队保持了不败的成绩，他们没有辜负队徽上那只凶猛咆哮着的美洲虎。

　　因为美洲虎象征了墨西哥的传统文化，所以，在 1968 年，墨西哥城选择美洲虎作为夏季奥运会的非官方吉祥物。当时，墨西哥城的吉祥物非常受欢迎，受此启发，奥运会组委会自 1972 年起便开始启用官方吉祥物。时至今日，在墨西哥的体育运动中，美洲虎仍旧是一个非常宝贵的符号。恰帕斯美洲虎足球俱乐部位于墨西哥最南端的恰帕斯州，它在国家职业足球联赛中代表这个州参赛。球队球衣的颜色是金色和黑色，他们所模仿的正是真正的美洲虎的颜色。

　　当汽车爱好者试驾捷豹汽车时，美洲虎的速度与力量正是他们所希冀的。1935 年，捷豹系列汽车首次面世；之后，该系列汽车便以其奢华品质和优良性能闻名世界。直到 1998 年，在批量生产的汽车中，捷豹 XJ220 一直保持世界最快时速纪录。它的最高速度为每小时 349 千米。捷豹汽车的吉祥物，一只凝滞在跳跃动作中的银色美洲虎，完全抓住了这种雄伟、野性的猫科动物的神韵。

在那些痴迷于收集汽车吉祥物的人中间，捷豹的引擎盖标志广受追捧。

太阳落山时，美洲虎会巡视自己的领地，这既是为了寻找食物，也是为了吓退入侵者。

来去无踪

美洲虎拥有尖锐的牙齿和锋利的爪子，它们理应是南美洲丛林里的王者，但事实并非始终如此。3000 多万年前，与猫科动物外观相似的有袋类动物便生活在了这片丛林中。袋剑虎，就是这样的一类动物，它拥有育儿袋和剑齿。它的化石主要发掘自阿根廷。

第一批真正的猫科动物起源于 2500 万年前，之后，它们迁徙到了世界各地。大约 2000 万年前，一群猫科动物的祖先——假猫属，出现在了欧洲和亚洲。在接下来的 1200 万年间，这些动物不断演化，其中的一些品种通过白令陆桥进入了北美洲。这些早期的猫科动物与现代美洲虎的大小相似，然而，随着它们逐渐向南进入中美洲和南美洲，它们就在茂密的热带丛林中演化成了灵巧的爬树好手。与现代美洲虎最接近的祖先——奥古斯塔美洲虎和兰屿美洲虎，生活在 180 万年至 1.1 万年前这段时期。在丛林栖息地安定下来后，这些品种的变化就非常有限了，并且，是它们造就我们今天所见到的美洲

自 1850 年起，美国得克萨斯州、新墨西哥州，以及北部亚利桑那州的科罗拉多大峡谷，这片栖息地里的美洲虎的种群数量下降了 40%。

美洲虎很好地适应了人工圈养的生活，在世界各地的动物园中，它们生下了几十只幼崽。

虎。其他的史前猫科动物则演化成了体形较小的亲缘物种，例如，小斑虎猫、虎猫以及长尾虎猫。所有这些虎猫毛皮上的图案都漂亮至极，并且，和美洲虎一样，它们可以在夜色的掩护下狩猎。

因为美洲虎只会在天色暗淡的时候活动，所以，研究它们需要应对许多困难。在亚利桑那州和新墨西哥州，美洲虎保护组织和边疆美洲虎观察机构监测了美国西南部的美洲虎活动情况。尽管自1997年这项计划启动以来，研究人员只观察到了极少的美洲虎（自2005年以来，只拍摄到了三只美洲虎），然而，我们可以从家畜受攻击的方式以及大型猫科动物的踪迹中，推测出它们的存在。

在图森以南地区，亚利桑那州渔猎部针对美洲狮和黑熊展开了一系列的研究，然而，他们却意外捕获了一只美洲虎。研究人员为这只美洲虎注射了镇静剂，好让它能够安然入睡，还将它取名为马乔·B。紧接着，马乔·B的脖子上被戴上了一个由多层皮带材料制成、重约0.9千克的无线电项圈，顶端还装有两根小天线。项圈的底部安装有容纳电池的铝合金箱和全球定位系统追踪装置，其中的电池可以持续供电两年之久。卫星可以收集全球定位系统发射器传送的动物移动数据，这样，研究者就能够监控在野外生活的动物了。

中美洲和南美洲的美洲虎数量要更加庞大，在那里，为美洲虎套上项圈是研究者普遍采用的研究方法。然而，一些研究人员认为，为收集信息而给美洲虎注射镇静剂、套项圈是不值得的。有一项研究正在厄瓜多尔的亚苏尼国家公园开展，研究者使用特殊的照相机来拍摄野外美洲虎的活动图像。

每一部照相机的造价都要 10 万美元，甚至更多。研究者将热感应装置埋在美洲虎行走路径的地下，并与远处的照相机连接。当美洲虎走在热感应装置上时，装置会侦测美洲虎的体温，并操控远端的照相机拍摄照片。这一项目在 2007 年启动，如今，已经有几十张美洲虎以及它们的猎物的图片被拍摄下来。这让研究者获取了大量有关美洲虎种群数量、狩猎习惯以及美洲虎个体（研究者能够辨认它们身上独特的斑纹图案）的珍贵数据。

美洲虎鲷是一种中美洲鱼。它的身体表面和鳍上覆盖有金色及黑色斑纹，这种斑纹与美洲虎的非常相像，所以，它被命名为美洲虎鲷。

巴西美洲虎研究中心以不同的方式利用了照相机。研究中心邀请游客拍摄附近的美洲虎图片，通过这种方法，他们收集了大量有关美洲虎个体斑纹图案的数据。研究中心坐落在水之汇州立公园的核心区域。这家公园占地 11 万公顷，是潘塔纳尔湿地的一部分。潘塔纳尔湿地由季节性洪水泛滥的草原和热带雨林拼接而成，它自巴西延伸到了玻利维亚和巴拉圭，是世界上最大的湿地，也是最高大、最强壮的美洲虎种群的聚集区。联合国教科文组织还将它列为了世界遗产保护区。美洲虎研究中心夸口说，这里的美洲虎是世界上唯一值得观看的。野生动物导游会带游客乘船去观看逗留在水边的美洲虎。美洲虎们对此早已习以为常，面对那些围观它们的游客，它们并不会羞涩回避。

茂盛的森林、充足的淡水以及丰富的猎物，这些让潘塔纳尔湿地成了美洲虎理想的栖居之所。但与此同时，这片湿地也给它们带来了种种麻烦。潘塔纳尔湿地覆盖的区域稍稍大过了路易斯安那州，且其中 99% 的土地都归私人，主要是牧场主所有。

这些牧场主不仅在自己的土地上狩猎，还销售狩猎许可证给其他人。潘塔纳尔湿地的许多区域，以及中美洲和南美洲的所有私人土地里，过度狩猎的问题导致了鹿、野猪以及其他美洲虎猎物种群数量的急剧下滑。这样一来，美洲虎就不得不去追逐那些体形更大、数量也更多的猎物，也就是家牛。

　　如果美洲虎不断捕杀家畜，那么，它们就会被牧场主视为眼中钉。尽管猎杀美洲虎在美洲是违法

1996 年，狩猎者杰克·蔡尔兹和沃纳·格伦在亚利桑那州拍摄到两只美洲虎的照片，这推动了美国对美洲虎的进一步研究。

我在人身上看到一个洞

一个人孤独地坐着……
悲伤浸透了他的身体。
所有的动物都来到他身边说：
"我们不愿看到你悲伤，
向我们索要你所希冀的，你将得到它。"

人说："我想拥有卓越的视力。"
秃鹫回应："把我的眼睛拿去用。"
人说："我想要变强壮。"
美洲虎说："你将会和我一样强壮。"
人说："我渴望知晓大地的秘密。"
巨蛇回答："我将一一告知。"
就这样，每个动物都答复了他。

人得到它们所有的天赋后，离开了。
猫头鹰对其他动物说：
"现在人知道了很多事，也有了强大的能力。
我却突然感到恐惧了。"
鹿说："人达成了所有的愿望。
他将停止悲伤。"

但猫头鹰回答说："不。我在人身上看到一个洞。
那是欲望的深渊，他永远都不会满足。
这个深渊令他悲伤，令他索取。
直到有一天这个世界会说：
我已经一无所有，再也没有什么可以赠予你了。"

——《玛雅寓言》

的(厄瓜多尔、圭亚那和玻利维亚例外,在这些国家,有限的猎物狩猎是允许的),但人们仍可能为了保护家畜而杀害美洲虎。一旦美洲虎袭击家牛,许多牧场主根本不会再给它们任何机会,他们会毫不犹豫地杀死所有进入视线的美洲虎。这种猎杀行为使得美洲虎被国际自然保护联盟列为近危物种。

伐木业、采矿业以及农业导致的森林采伐,也在一定程度上危及了美洲虎的生存。因为,这会将美洲虎的栖息地切割成分裂的小区域,使它们失去某些食物资源,可选择的配偶也更少。偷猎是另外一个问题。偷猎行为在 20 世纪上半叶非常猖獗,每年有 18000 只美洲虎因为自己美丽的毛皮而被射杀。如今,尽管这一情况已经大为改观,但非法屠杀和交易美洲虎的行为仍时有发生。

美洲虎是世界上最迷人的生物之一。作为大型食肉动物,它们对于热带雨林群落的健康平衡至关重要。研究人员只是刚刚开始揭开美洲虎的神秘面纱,这种雄伟的动物还有许多秘密等待着我们去发掘,但前提是它们不会在人类的干扰下灭绝。

牧场主在很大程度上导致了南美洲森林的退化,因为他们将土地都用来种植牧草了。

美国佛罗里达州的杰克逊维尔动物园养育了八只美洲虎,是北美洲美洲虎数量最多的动物园。

动物寓言：
豹人的故事

亚马孙盆地的人们相信，美洲虎拥有强大的魔力。下面的这个故事来自巴西，它讲述了为什么美洲虎会隐藏在热带雨林里。

曾经有一个名叫尤爱卡的男孩，他和爷爷居住在村庄里。尤爱卡矮小瘦弱，经常会有其他男孩子欺负他。为逃避那些伤害自己的人，尤爱卡有时会跑到雨林里。一天，尤爱卡来到森林中散步，他碰到了一位老人。

"我是希纳–阿，美洲虎之子。"老人说道。

尤爱卡听说过希纳–阿，或者说豹人。据说，他是一位伟大的导师。

"过来。"豹人命令尤爱卡。

豹人向尤爱卡讲述了许多精彩的故事，包括他如何暗中保护人类，种植植物给人类吃，带人类玩游戏，为确保人类的安全而守夜。尤爱卡认真倾听，他从豹人那里学到了许多东西。豹人要求他不要将这次见面的事情告诉别人。

日子一天天地过着，尤爱卡再次回到了森林中。豹人是一位伟大的巫师，尤爱卡要向他学习魔法，聆听他的教导。

某天，尤爱卡再也无法掩饰自己的兴奋之情，他告诉了爷爷豹人的事情。"豹人赐予了你伟大的力量，"爷爷对尤爱卡说，"他一定是觉得你心地善良，不会用这种力量做邪恶的事情。"

事实的确如此。村子里有一个男孩病得很厉害，所有人都觉得他会就此死去。尤爱卡认识这个男孩，因为就是这个男孩经常欺负自己。但他还是来到了男孩家里，并用豹人教授给他的魔法治好了男孩。

那天夜里，豹人出现在了尤爱卡的梦里。

"你通过了这场考验，"豹人对男孩说，"你对敌人表

现出了你的善良。现在，我可以休息了，而你将会成为下一代豹人。你的旅途注定孤单，但你将接替我去照顾人类。"

尤爱卡对豹人的教导非常感激，他也开始关心起村子里的人：治愈村民的疾病，并用贝壳、坚果和羽毛制造美丽的手工艺品。他很奇怪为什么豹人说他会感到孤单。

很快地，他知道了原因。有些人并不欣赏尤爱卡的能力。他们心怀妒忌。"为什么你会有治愈疾病的力量和艺术才华，而我们却没有？"他们质问道。嫉妒心蛊惑了这些人，他们密谋杀害尤爱卡。

一天晚上，当尤爱卡和爷爷一起吃晚餐时，刺客拿着木棒偷偷潜到尤爱卡身后。就在刺客举起木棒的一瞬间，尤爱卡转过身来，面对着他。"我现在是一位强大的巫师，"尤爱卡说，"我能够看到背后的一切事情。"

刺客落荒而逃。

接着，尤爱卡去拜访了村子里的长老。"我是一个不受欢迎的人，"尤爱卡说，"我必须离开了。"长老望着消失在夜色中的尤爱卡，心中非常难过。和美洲虎一样，尤爱卡孤独地隐藏在热带雨林中。他在等待着一个人，这个人必须品性善良，并且愿意获得豹人治愈伤病的智慧。那时，他会再度现身。

小词典

【伪装】

隐藏自身的能力，通常是因为身体的颜色和斑纹与周围环境融为了一体。

【纹章】

家族、州、国家或其他组织的官方标识。

【文化】

属于或关于特定群体的思想意识和生活方式，并且，这个群体认为只有这样的思想意识和生活方式才是正确的。

【演化】

逐渐演变为一种新物种的过程。

【神物】

某些文化相信，一些物体包含有灵魂或神奇的魔力，神物就是这种物体。

【土著】

某一地区或国家的原住民。

【陆桥】

连接两个大陆的狭长地带，人类和动物可以借助大陆桥进入另一大陆。

【哺乳动物】

恒温和哺乳的最高等的脊椎动物。

【有袋类】

哺乳类动物中的一种，胎儿早产，早产儿会待在母体的育儿袋里长大。

【死亡率】

某一地区或某一时期，特定生物的死亡数量。

【神话集】

神话传说或民间的传统信仰及故事的集合，用以解释某件事情发生的缘由，或是它与某个人、某件物品的关系。

【偷猎】

非法猎杀受保护的野生动物。

【无线电项圈】

装备有微型电子设备的项圈，能够发送信号给无线电接收器。

【卫星】

发射到外太空的机械装置，目的是让它围绕地球旋转，或是飞往其他行星，甚至是太阳。

部分参考文献

Arizona Game and Fish Department. "Jaguar Conservation." Jaguar Conservation Team. http://www.azgfd.gov/w_c/es/jaguar_management.shtml.

Brown, David E. Borderland Jaguars: Tigres de la Frontera. Salt Lake City: University of Utah Press, 2001.

Churchill, Kate. In Search of the Jaguar. DVD. Washington, D.C.: National Geographic Society, 2006.

Jaguar Species Survival Plan. "Jaguar Fact Sheet." American Zoo and Aquarium Association. http://www.jaguarssp.org/jagFactSheet.htm.

Mahler, Richard. The Jaguar's Shadow: Searching for a Mythic Cat. New Haven, Conn.: Yale University Press, 2009.

Rabinowitz, Alan. Jaguar: One Man's Struggle to Establish the World's First Jaguar Preserve. Washington, D.C.: Island Press, 2000.

注意:

我们力保以上罗列的网站在本书出版之际仍保持运营。但由于互联网的特性，我们不能确保这些网站能无限期活跃，也不能保证里面的内容不会改变。

＊本书动物科学知识由浙江大学动物科学学院徐子叶女士审订。

在某些地区，美洲虎的种群数量保持稳定，但整体而言，它们的数量在不断下滑。